Kristin Assenow

Arbeitszufriedenheit und ihr Zusammenhang mit komplexen Anwendungsprogrammen

Eine empirische Studie

GRIN Verlag

Bibliografische Information der Deutschen Nationalbibliothek:

Die Deutsche Bibliothek verzeichnet diese Publikation in der Deutschen National-
bibliografie; detaillierte bibliografische Daten sind im Internet über http://dnb.d-
nb.de/ abrufbar.

Impressum:

Copyright © 2013 GRIN Verlag GmbH
Druck und Bindung: Books on Demand GmbH, Norderstedt Germany
ISBN: 978-3-656-60629-1

Dieses Buch bei GRIN:

http://www.grin.com/de/e-book/269503/arbeitszufriedenheit-und-ihr-zusammen-
hang-mit-komplexen-anwendungsprogrammen

GRIN - Your knowledge has value

Der GRIN Verlag publiziert seit 1998 wissenschaftliche Arbeiten von Studenten, Hochschullehrern und anderen Akademikern als eBook und gedrucktes Buch. Die Verlagswebsite www.grin.com ist die ideale Plattform zur Veröffentlichung von Hausarbeiten, Abschlussarbeiten, wissenschaftlichen Aufsätzen, Dissertationen und Fachbüchern.

Besuchen Sie uns im Internet:

http://www.grin.com/

http://www.facebook.com/grincom

http://www.twitter.com/grin_com

Fachhochschule für angewandtes Management

Fachbereich Wirtschaftspsychologie

Wintersemester 2012/2013

Teilmodul „Forschungsmethoden und angewandte Statistik"

Forschungsbericht

- Eine empirische Studie zu Arbeitszufriedenheit und ihr Zusammenhang mit komplexen
Anwendungsprogrammen -

vorgelegt von

Kristin Assenow

3. Semester

Tag der Einreichung:

16.02.2013

Abbildungsverzeichnis

Anhangsverzeichnis

1. Einleitung

Die vorliegende Arbeit befasst sich mit der Arbeitszufriedenheit im Zusammenhang mit der Anwendung komplexer Computerprogramme, deren Messung und daraus resultierenden Ergebnissen.
Vorgestellt wird ein Forschungsbericht über die Vorbereitung der Datenerfassung sowie die anschließende Auswertung und Interpretation dieser. Sie umfasst einen theoretischen und einen empirischen Teil. Der theoretische Teil gibt einen Einblick auf den Hintergrund der gewählten Thematik, die Definitionen der Begriffe „komplexe Anwendungsprogramme und der Arbeitszufriedenheit" sowie die Hypothesenbildung. Im Anschluss daran kommt der empirische Teil dieser Arbeit. Dieser beschäftigt sich mit der Art und Analyse der Erhebung, einer genauen Beschreibung der Erhebung und einer Interpretation der Ergebnisse. In der anschließenden Zusammenfassung wird diskutiert, in wie weit sich die gebildete Hypothese belegen lässt und mit welchen möglichen Maßnahmen eine Verbesserung der Arbeitszufriedenheit realisiert werden kann, aber auch um bei zukünftigen Mitarbeiterbefragungen Optimierungspotenzial hinsichtlich Inhalt und Durchführung aufweisen zu können.

2. Theorie

2.2 Hintergründe der Fragestellung

Anstoß für die Untersuchung auf einen Zusammenhang zwischen Arbeitszufriedenheit und komplexen Anwendungsprogrammen gaben beobachtete Schwierigkeiten im persönlichen beruflichen Umfeld.
Jedes Unternehmen kommt ohne Softwareprogramme nicht mehr aus und ist aus Effizienzgründen sogar darauf angewiesen. Besonders deutlich wird das, wenn die Technik ausfällt. Im Besonderem ist aufgefallen, dass sich viele ältere, aber auch junge Mitarbeiter darüber beschweren, dass sie mit den technischen Gegebenheiten nicht klar kommen, dadurch Arbeitsabläufe vermeintlich länger dauern und das Anlernen viel Zeit und Geld in Anspruch nimmt bzw. man auf Hilfe von Kollegen und Dienstleistern angewiesen ist. Dies führt zu Stress, Frustration sowie Demotivation und letztlich zu Arbeitsunzufriedenheit. Das hat zu folgenden Fragestellungen geführt:

• Gibt es einen Zusammenhang zwischen Arbeitszufriedenheit und der Anwendung von komplexen Computerprogrammen?

• Besteht ein Zusammenhang zwischen Geschlecht und der Anwendung komplexer Anwendungsprogramme und Arbeitszufriedenheit?

2.1 Beschreibungen der Arbeitszufriedenheit und komplexer Anwendungsprogramme

Um nun überhaupt Möglichkeiten für evtl. sinnvolle Merkmale und Frageformulierungen zu entwickeln, ist die erste Überlegung, wie die Hauptmerkmale Arbeitszufriedenheit und komplexe Anwendungsprogramme definiert werden können und welche Beobachtungen sich daraus ableiten lassen. D.h. es muss zuerst überlegt werden, welches Verhalten der Mitarbeiter erkennen lässt, dass er zufrieden bzw. unzufrieden mit den zur Verfügung gestellten Anwendungen ist. Damit wird die Grundlage geschaffen, Daten zu erhalten, die die Fragestellungen untersuchen und beantworten lassen.

„Arbeitszufriedenheit ist das, was Menschen in Bezug auf ihre Arbeit und deren Facetten fühlen. Es ist das Ausmaß, in dem die Menschen ihre Arbeit mögen (Zufriedenheit) oder nicht mögen (Unzufriedenheit). Dabei wird zumeist zwischen einer globalen Zufriedenheit und verschiedenen Facetten der Arbeitszufriedenheit unterschieden. Die Aufteilung in Facetten wird damit begründet, dass auch die Arbeitssituation von Arbeitnehmern vielschichtig und komplex ist." (von Rosenstiel, 2003)[1].

Diese formulierte Definition nach Kauffeld und Rosenstiel gibt einen Einblick darüber, was unter Arbeitszufriedenheit zu verstehen ist. Sie macht deutlich, dass Arbeitszufriedenheit ein individuelles Empfinden darstellt. Es gibt viele Theorien, die Arbeitszufriedenheit beschreiben. Sie sind gekennzeichnet durch verschiedene Blickwinkel und Beweggründe. Es ist jedoch schwierig eine genaue und allgemeingültige Definition für Arbeitszufriedenheit zu finden. Jeder Erklärungsversuch ist auch abhängig vom Vorhaben der zugrunde liegenden Theorie. Zusammenfassend kann gesagt werden, dass Arbeitszufriedenheit Ausdruck dessen ist, was der Mitarbeiter zur Steigerung seiner Lebensqualität in Bezug auf seine berufliche Tätigkeit benötigt.

Auch eine einheitliche Definition darüber, was man unter komplexen Anwendungsprogrammen bzw. Standardsoftwareprogrammen versteht, existiert nicht. Jedoch soll damit der Zustand beschrieben werden, der ein komplexes Programm darstellt, welches einen sehr großen Umfang an Funktionen und Parametern für die verschiedensten Arbeitsabläufe besitzt. Damit verbunden ist das Empfinden einer sinkenden Transparenz und einer daraus resultierenden schwierigen Bedienung. So wird z.B. auch Microsoft-Office auf Grund seiner vielfältigen Funktionen und Optionen durchaus zur komplexen Standardsoftware gezählt.[2]

---

[1] Kauffeld, S. (2011). Arbeits-, Organisations- und Personalpsychologie für Bachelor. S. 180
[2] Vgl. komplexe Standardsoftware. Online: http://www.iwi.uni-hannover.de/lv/seminar_ws03_04/www/Sommer/Homepage/oben.htm#2.2.1%20Standardsoftwarepakete

2.3 Hypothesenbildung

Aus diesen Beobachtungen und der genaueren Betrachtung der Arbeitszufriedenheit und der komplexen Anwendungsprogramme entwickelte sich die Vermutung, dass ein Zusammenhang zwischen Beiden besteht. Dies führt aus Sicht der Arbeitsgruppe zu folgender Hypothese:

Arbeitszufriedenheit wird beeinflusst durch komplexe Anwendungsprogramme.
Je einfacher komplexe Anwendungsprogramme sind, desto höher ist die Arbeitszufriedenheit.

Der Nachweis für die Richtigkeit der Hypothese soll in den folgenden Ausführungspunkten des Berichtes dargestellt werden.

3. Methode

3.1 Entwicklung des Erhebungsinstruments

Ziel des Erhebungsinstrumentes ist es, viele notwendige Informationen über die interessanten Indikatoren zu gewinnen. Um nun diese notwendigen Informationen zu erhalten, wurde als quantitative Methode der Fragebogen gewählt. Das hat den Grund, dass der Faktor Zeit eine Auswertung und Diskussion von Vor- und Nachteilen anderer Datenerhebungsmethoden verhindert hat. Der wesentliche Vorteil des Fragebogens als effektives Erhebungsinstrument liegt darin, dass mit vergleichsweise geringem materiellen Aufwand und geringen Zeitaufwand eine große Strichprobe (Anzahl der befragten Mitarbeiter bezogen auf alle Mitarbeiter im befragten Unternehmen) ausgewertet werden kann. Da bei einer Erhebung durch einen Fragebogen der Fragende nicht anwesend ist, muss sichergestellt werden, dass die Fragen (Items) eindeutig, einfach und verständlich formuliert sind. Ist das nicht der Fall, kann dies dazu führen, dass die Rücklaufquote gering ist bzw. nicht alle Fragen beantwortet werden und somit Probleme bei der Auswertung auftreten.[3]

Das führt zur zweiten Überlegung, welche Indikatoren (Variablen) die Merkmale Arbeitszufriedenheit und komplexe Anwendungsprogramme so beschreiben und messbar machen, dass sie für die Beantwortung der Hypothese relevant sind und welche

---

[3] Vgl. Methode Fragebogen. Online:
http://www.dermatologie.uni-osnabrueck.de/gesundprojekt/graids0506/Methode_Fragebogen.htm

Zusatzvariablen benötigt werden um Hintergrundinformationen zu erlangen (Operationalisierung).

Daraus wurden 23 Items entwickelt. Diese gliedern sich nach folgenden Variablen:

Hauptvariablen:

- Beeinflussung durch komplexe Anwendungsprogramme (wenn ja, positiv oder negativ) (Nominalskala[4])
- Arbeitszufriedenheit bzgl. Anwendungsprogrammen (theoretischer Begriff → Aufschlüsselung in einzelne Indikatoren - Ratingskala[5])

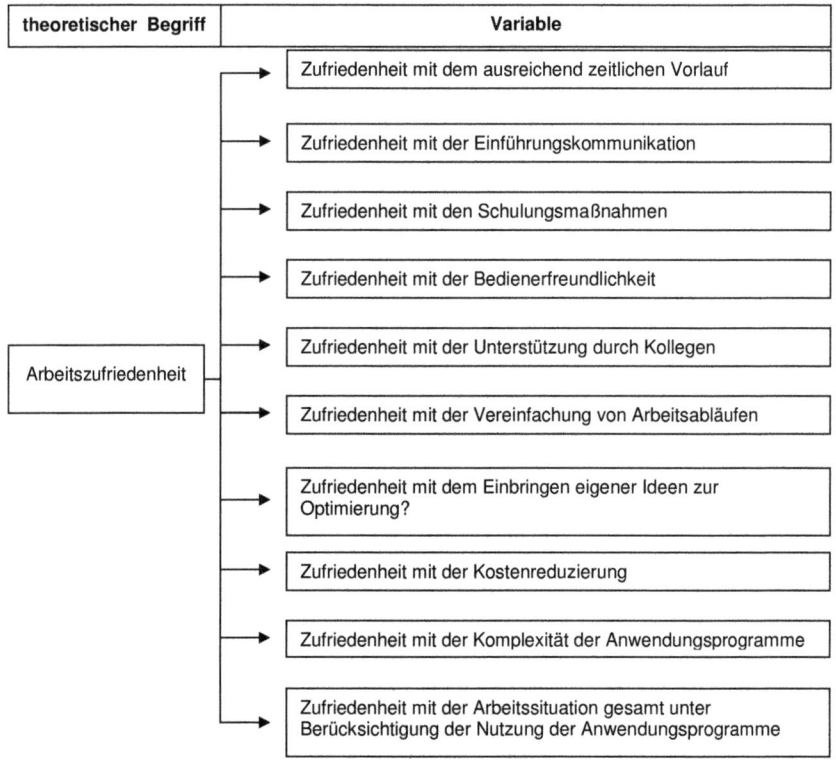

theoretischer Begriff	Variable
	Zufriedenheit mit dem ausreichend zeitlichen Vorlauf
	Zufriedenheit mit der Einführungskommunikation
	Zufriedenheit mit den Schulungsmaßnahmen
	Zufriedenheit mit der Bedienerfreundlichkeit
Arbeitszufriedenheit	Zufriedenheit mit der Unterstützung durch Kollegen
	Zufriedenheit mit der Vereinfachung von Arbeitsabläufen
	Zufriedenheit mit dem Einbringen eigener Ideen zur Optimierung?
	Zufriedenheit mit der Kostenreduzierung
	Zufriedenheit mit der Komplexität der Anwendungsprogramme
	Zufriedenheit mit der Arbeitssituation gesamt unter Berücksichtigung der Nutzung der Anwendungsprogramme

Abb. 1: Aufteilung des Konstrukts Arbeitszufriedenheit bezogen auf komplexe Anwendungsprogramme

---

[4] Eine **Nominalskala** gibt an, inwieweit die interessierenden Merkmale sich gleichen bzw. ob wo sie ungleich sind. (vgl. Meyer, H. O. (2013). Interview und schriftliche Befragung. S. 71)
[5] eine **Ratingskala** gibt an, wie sich der Befragte selbst auf die interessierende Merkmalsdimension positioniert (vgl. Meyer, H. O. (2013). Interview und schriftliche Befragung. S. 83)

Daraus ergaben sich folgende Items (Vgl. Abb. 2), welche die Merkmalsausprägungen erfassen. Für die Beantwortung wurde eine 5-stufige Antwortskala gewählt, in der der Grad der Zufriedenheit von „sehr zufrieden" bis „sehr unzufrieden" unterteilt ist. Außerdem wurde ein zusätzliches Feld mit integriert – „interessiert mich nicht".

Item	Rating - Skala					
Wie zufrieden sind Sie mit....	Sehr zufrieden	zufrieden	teilweise zufrieden	unzufrieden	Sehr unzufrieden	interessiert mich nicht
...dem ausreichend zeitlichen Vorlauf?						
...der Einführungs-kommunikation?						
...den Schulungsmaßnahmen?						
...der Bedienerfreundlichkeit?						
...der Unterstützung durch die Kollegen?						
... der Vereinfachung von Abläufen?						
...dem Einbringen eigener Ideen zur Optimierung?						
...der Kostenreduzierung?						
...der Komplexität der Anwendungsprogramme?						
...Ihrer Arbeitssituation gesamt unter Berücksichtigung der Nutzung der Anwendungsprogramme?						

Abb. 2: Items zur Befragung der Arbeitszufriedenheit

Soziodemographische Variablen:

• Geschlecht (Nominalskala)

• Alter (Nominalskala)

• Vorbildung (Nominalskala)

• Branche (Nominalskala)

• Häufigkeit der Benutzung von Anwendungsprogrammen im Berufsalltag (Ratingskala)

• Beherrschungsgrad (Ratingskala)

• Empfinden, Einführung und Angst in Bezug auf komplexe Anwendungsprogramme (Nominalskala)

Der vollständige Fragebogen (in Anhang 1) wurde anschließend einem Pretest durch den Dozenten unterzogen um festzustellen, ob er *verständlich, vollständig* und *eindeutig* ist sowie einen Überblick über die *Befragungsdauer* zu erhalten. Er gliedert sich in folgende Abschnitte:

- kurze Einleitung
- allgemeine Angaben zur Person
- Fragen zur Nutzung von Anwendungsprogrammen im Berufsalltag und der daraus resultierenden Arbeitszufriedenheit

3.2 Untersuchungsbeschreibung

Die ausgewählte Stichprobenmenge wurde durch eine zufallsgesteuerte Teilerhebung vorgenommen, d.h. dass aus der Grundgesamtmenge (Gesamtheit aller Mitarbeiter) nur ein kleiner Teil befragt wurde und das Ergebnis repräsentativ für die Grundgesamtheit steht, d.h. auf die Grundgesamtheit verallgemeinert werden kann.[6]

Die Erhebung mit dem Fragebogen erfolgte zum einen durch Verteilung der Bögen, zum anderen durch Versenden durch Emails im Anhang. Diese Variante wurde der Online-Befragung vorgezogen, weil durch die persönliche Verteilung bzw. Versendung eine höhere Verbindlichkeit geschaffen wurde und sich dadurch eine größere Anteilnahme an der Umfrage ergab. So konnte auch darauf Einfluss genommen werden, eine gute Verteilung innerhalb der Altersgruppen und der Geschlechter zu erhalten. Außerdem konnten evtl. Fragen schnell und direkt beantwortet werden.

3.3 Stichprobenbeschreibung

In der vorliegenden Arbeit wurden 100 Mitarbeiter (MA) befragt, von denen 60 lhre Fragebögen ausgefüllt zur weiteren Auswertung zurückgaben. Dies entspricht einer Rücklaufquote von 60%. Diese stammen aus Unternehmen, die sowohl dem Bank- und Finanzwesen, dem verarbeitenden Gewerbe, als auch dem Dienstleistungsbereich angehören. Die Erhebung wurde in Berlin, in den Unternehmen selbst, durchgeführt.

Die Stichprobe setzt sich aus 27 Männern (45 %) und 33 Frauen (55 %) zusammen, wobei der Anteil der weiblichen Befragten leicht höher ist als der der männlichen Befragten. Ein Unterschied zwischen Führungskräften und Mitarbeitern wurde nicht gemacht.

---

[6] Vgl. Teilerhebung. Online:
http://www.handelswissen.de/data/handelslexikon/buchstabe_t/Teilerhebung.php

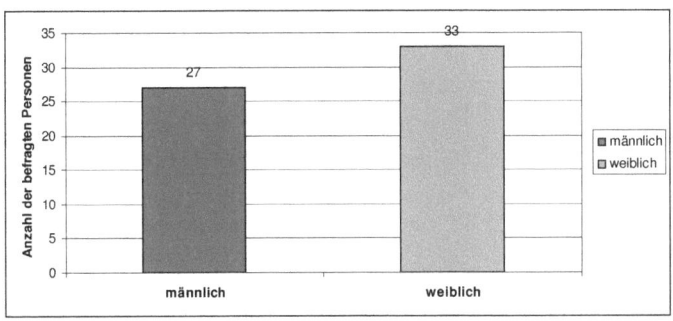

Abb. 3: Verteilung der männlichen (m) und weiblichen (w) Befragten

Die Befragung nach dem Alter erfolgte aus Gründen der Anonymität durch eine Abgrenzung in 5 Altersgruppen und ergab, dass die meisten weiblichen und männlichen Befragten 21-30 Jahre sind. In den beiden Gruppen 21 - 30 und 31 - 40 überwiegt der Anteil der Frauen. In den beiden anderen Gruppen 41 - 50 und „älter als 51" überwiegen hingegen die Männer. Die größte Diskrepanz zwischen Frauen und Männern liegt innerhalb der Gruppe 31 - 40. Aus der Gruppe der männlichen und weiblichen 16-20 Jährigen ist kein Befragter innerhalb der Stichprobe vertreten.

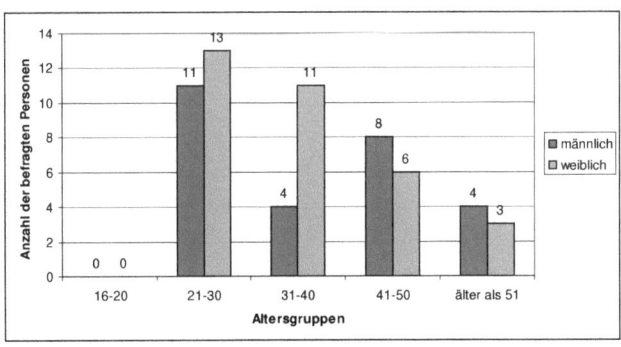

Abb. 4: Verteilung der Altersgruppen der männlichen und weiblichen Befragten

Um einen Eindruck über Vorkenntnisse und Erfahrung im Bereich Anwendungsprogramme zu erhalten, wurde zum einen gefragt, ob die Mitarbeiter durch Schule bzw. Ausbildung Kenntnisse im Bereich EDV erlangt haben und ob Sie aus beruflichen Gründen gezwungen waren sich mit dem Computer auseinander zu setzen.

Hier zeigt sich, dass 79% der Befragten der Altersgruppe 21-30 Vorkenntnisse aus der Schule erhalten haben. Diese Anzahl sinkt mit steigendem Alter, was den Zeitwandel und die Wichtigkeit der Technik deutlich bestätigt. Es zeigt sich, dass trotz der schulischen

Vorbildung im Bereich EDV 88% ebenfalls durch die Berufspraxis EDV-Kenntnisse erlangt haben. Bei den anderen Altersgruppen sind es 100%, d.h. alle befragten Mitarbeiter haben nicht nur aus der Schule EDV-Kenntnisse erlangt sondern auch im Zusammenhang mit ihrer ausgeübten beruflichen Tätigkeit. Das kann zu Grunde haben, dass jedes Unternehmen eigene komplexe Softwareprogramme nutzt und die Mitarbeiter lernen, damit zu arbeiten. Es kann aber auch sein, dass beide Fragestellungen zu Irritationen geführt haben und nicht klar formuliert waren.

Altersgruppe	Anzahl	durch Schulkenntnisse	durch Berufspraxis
16-20	0	0%	0%
21-30	24	79%	88%
31-40	15	67%	100%
41-50	14	43%	100%
älter als 51	7	14%	100%
Gesamt	60		

Abb. 5: Häufigkeitsverteilung der Variablen EDV-Vorbildung und Berufliche PC-Auseinandersetzung

4. Ergebnisse

4.1 Analysen des Fragebogens

Um nun die erhaltenen Informationen aus den Fragebögen in messbare und auswertbare Daten umzuwandeln, wird ein Analysedatensatz erstellt, eine sogenannte Rohwerttabelle. Dabei werden die Antworten der jeweiligen Items so umcodiert, dass jeder Antwortvariante der befragten Personen eine Zahl zugeordnet und in eine Excel-Tabelle übertragen wird, d.h. z.B. der Antwort weiblich wird eine 1 zugeordnet und der Antwort männlich eine 2. Genauso wird auch bei Mehrfachantworten verfahren.

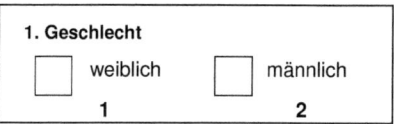

Abb. 6: Beispiel zur Umcodierung

Abb. 7: Beispiel zur Umcodierung bei Mehrfachantworten

4.1.1 Itemanalyse

Für die weitere Auswertung werden nun die erhaltenen Daten, aus der Rohwerttabelle zur Beurteilung und Aufbereitung der Untersuchungsergebnisse, analysiert. Hierzu werden die Items genauer betrachtet. Dabei geht es darum, ob einzelne Items einen nennenswerten Informationsgehalt besitzen oder aber auch nicht. Also brauchbar im Hinblick auf die Untersuchungsziele sind um sie gegebenenfalls zu verbessern um so die Qualität der auszuwertenden Items zu erhöhen. Das erfolgt durch Entfernen und Zusammenfassen von Items.[7] Es wird also das Antwortverhalten und deren Verteilung analysiert. Hierbei wird für jedes Item Mittelwert (M), die Schwierigkeit (p_i) sowie die Trennschärfe (r_{it}) ermittelt.

Der Itemmittelwert sollte bei guten Items eine möglichst großen Streuung der Werte aufweisen und etwa in der Mitte der Antwortskala liegen. Zu kleine Streuungen weisen auf eine geringe Antwortvarianz hin.

Die Itemschwierigkeit wird durch einen Index gekennzeichnet und drückt aus, wie viel der Befragten Mitarbeiter dem Item zugestimmt haben bzw. wie schwierig es war, es zu beantworten. Man könnte den Schwierigkeitsindex auch als „Leichtigkeitsindex" bezeichnen. P_i hat einen Wertebereich von 0 und 1. Dabei heißt 0, dass es sich hier um ein leichtes Item handelt und bei 1 um ein Schwieriges. Bei Antworten mit 2 Auswahlmöglichkeiten (dichotom, ja/nein) erfolgte die Berechnung folgendermaßen: Anzahl der Zustimmungen (hier durch Umcodierung = 1) dividiert durch die Anzahl der erhaltenen Antworten. Bei Items mit mehrstufigen Antwortvarianten erfolgte die Berechnung, indem die Summe der erreichten Punkte durch die maximal erreichbare Punktsumme (Anzahl der Teilnehmer multipliziert mit der maximal erreichbaren Punktsumme) dividiert wurde. Daraus ergibt sich (Vgl. Abb. 8), dass die Items 2, 3, und 4 sehr leichte Items sind. Item 8 hingegen sehr schwierig ist. Sie sind wenig informativ und geben wenig Personenunterschiede wieder. Alle anderen Items liegen im Wertebereich 0,2 und 0,8 und bewegen sich demnach im mittleren Bereich.[8]

Die Trennschärfe gibt an, wie gut ein einzelnes Item genauso wie der gesamte Test misst, d.h. wie gut ein einzelnes Item zwischen Personen mit niedriger und hoher Merkmalsausprägung trennt. Sie wird daher für jedes Item einzeln berechnet. Dafür wird die Korrelation der Beantwortung des einzelnen Items mit dem Gesamttestwert ermittelt. Der Wertebereich der Trennschärfe liegt bei -1 und 1. Eine hohe positive Trennschärfe (> 0,5) sagt aus, dass das einzelne Item etwas Ähnliches wie der gesamte Test misst. Positive Werte zwischen 0,3 und 0,5 sind mittelmäßig. Ein Wert gegen Null besagt, dass dieses Item nichts mit dem Test gemeinsam hat und demnach entfernt werden kann. Es sei noch zu beachten, dass die Itemtrennschärfe von seiner Itemschwierigkeit abhängig ist: je extremer

---

[7] Vgl. Itemanalyse. Online: http://viles.uni-oldenburg.de/navtest/viles0/kapitel03_Datenmessung~~lund~~l-aufbereitung/modul03_Itemanalyse/ebene01_Konzepte~~lund~~lDefinitionen/03__03__01__01.php3
[8] Vgl. Bortz, J. et al. (2006), Forschungsmethoden und Evaluation. S. 218-219.

die Schwierigkeit ist, desto geringer ist die Trennschärfe. Demnach besitzen mittlere Schwierigkeiten die höchsten Trennschärfen.[9] Die Auswertung der erhobenen Daten hat ergeben (Vgl. Abb. 8), dass die Items 2, 3, 4, 6, 7, 8, 19 und 20 eine negative bzw. gegen Null tendierende Trennschärfe besitzen.

	Item	N	p_i	Min	Max	M	SD	r_{it}
1	EDV-Vorbildung	60	0,600	1	2	1,4	0,494	0,328
2	Berufliche PC-Auseinandersetzung	60	0,950	1	2	1,1	0,220	-0,087
3	Nutzungshäufigkeit	60	0,904	1	4	3,6	0,585	0,005
4	Beherrschungsgrad	60	0,813	1	5	4,1	0,778	0,018
5	gutes Gefühl auf Vorbereitung	60	0,667	1	2	1,3	0,475	0,576
6	Komplexer werdende Programme	60	0,717	1	2	1,3	0,454	-0,103
7	Notwendigkeit	59	0,492	1	2	1,5	0,504	0,200
8	Ängstlichkeit ggü. Einführung	59	0,102	1	2	1,9	0,305	-0,064
9	zeitlicher Vorlauf	60	0,374	1	6	2,6	1,075	0,635
10	Einführungskommunikation	60	0,417	1	6	2,9	1,013	0,725
11	Schulungsmaßnahmen	60	0,410	1	5	2,9	0,947	0,603
12	Bedienerfreundlichkeit	60	0,376	1	6	2,6	0,956	0,438
13	Unterstützung durch Kollegen	60	0,255	1	5	1,8	0,885	0,353
14	Vereinfachung von Abläufen	60	0,412	1	5	2,9	0,885	0,486
15	Einbringen eigener Ideen	58	0,522	2	6	3,7	1,178	0,554
16	Kostenreduzierung	57	0,556	1	6	3,9	1,810	0,497
17	Komplexität	58	0,399	1	6	2,8	0,932	0,697
18	Gesamtarbeitssituation	60	0,350	1	6	2,5	0,769	0,483
19	Beeinflussung durch Anwendungsprogramme	60	0,550	1	2	1,5	0,502	0,049
20	Art der Beeinflussung	25	0,480	1	2	1,5	0,491	-0,281

Abb. 8: Itemanalyse, N = Anzahl der Antworten, Min = minimal erreichbare Punktzahl, Max = maximal erreichbare Punktzahl, SD = Standardabweichung, Item 9 -18 messen die Zufriedenheiten

Aufgrund der Auswertung der Trennschärfen und Schwierigkeiten werden aus dem Itemkatalog die Items 2, 3, 4, 6, 7, 8, 19 und 20 entfernt. Die Items 19 und 20 haben jedoch, trotz der schlechten Trennschärfe und Schwierigkeit, noch eine bedeutende Gewichtung hinsichtlich der Untersuchung des Zusammenhangs zwischen Arbeitszufriedenheit und komplexer Anwendungsprogramme, und werden daher nochmals gesondert betrachtet. Daraus ergibt sich folgende vorab optimierte Tabelle (Vgl. Abb.9).

---

[9] Vgl. Bortz, J. et al. (2006), Forschungsmethoden und Evaluation. S. 219-220.

Item	N	p_i	Min	Max	M	SD	r_{it}
1 EDV-Vorbildung	60	0,600	1	2	1,4	0,494	0,269
5 gutes Gefühl auf Vorbereitung	60	0,667	1	2	1,3	0,475	0,569
9 zeitlicher Vorlauf	60	0,374	1	6	2,6	1,075	0,486
10 Einführungskommunikation	60	0,417	1	6	2,9	1,013	0,611
11 Schulungsmaßnahmen	60	0,410	1	5	2,9	0,947	0,540
12 Bedienerfreundlichkeit	60	0,376	1	6	2,6	0,956	0,376
13 Unterstützung durch Kollegen	60	0,255	1	5	1,8	0,885	0,360
14 Vereinfachung von Abläufen	60	0,412	1	5	2,9	0,885	0,470
15 Einbringen eigener Ideen	58	0,522	1	6	3,7	1,178	0,542
16 Kostenreduzierung	57	0,556	1	6	3,9	1,810	0,458
17 Komplexität	58	0,399	1	6	2,8	0,932	0,645
18 Gesamtarbeitssituation	60	0,350	1	6	2,5	0,769	0,443

Abb. 9: Optimierung nach Itemanalyse, N = Anzahl der Antworten, Min = minimal erreichbare Punktzahl, Max = maximal erreichbare Punktzahl, SD = Standardabweichung

4.1.2 Skalenanalyse

Für die weiterführende Skalenanalyse wird nun die interne Konsistenz der vorab ausgewählten Items mit Hilfe des Statistikprogramms R ermittelt. Sie untersucht die mittlere Korrelation aller Items untereinander, und betrachtet das sogenannte Cronbachs Alpha als Reliabilitätsmaß. Die Reliabilität gibt die Zuverlässigkeit der Messung an, d.h. inwieweit bei einer Wiederholung der Befragung unter gleichen Bedingungen das gleiche Ergebnis erzielt wird. Sagt also, ob die Ergebnisse der durchgeführten Erhebung zufällig oder vorhersehbar sind und somit auf die Gesamtheit der Stichprobe angewendet werden können. Ein Wert über 0,7 bedeutet eine hohe Reliabilität und somit eine hohe Zuverlässigkeit.[10]

Die Auswertung der Items aus Abb. 9 hat schon einen sehr guten Reliabilitätswert von 0,801 ergeben. Es liegt also eine hoher Zuverlässigkeit vor. Der letzte Wert beim jeweiligen Item (Vgl. Abb. 10) zeigt an, wie sich die Reliabilität ändern würde, wenn dieses Item entfernt wird. Da sich durch Entfernen des Items „Kostenreduzierung" ein Reliabilitätswert von 0,815 bildet und die Trennschärfe bei 0,361 liegt, wird dieses Item entfernt. Aber auch die Trennschärfen bei den Items „EDV Vorbildung" = 0,270 und „Unterstützung durch Kollegen" = 0,368 weisen einen niedrigen Wert aus und werden entfernt.

---

[10] vgl. Meyer, H. O. (2013). Interview und schriftliche Befragung. S. 90.

```
$scale.name
[1] ""

$alpha
[1] 0.801

$item.analyse
                            Item  N min max   mean    sd   rit alpha.del
1                    EDV.Vorbildg. 60   1   2 1.400 0.494 0.270     0.800
2    gutes.Gefühl.auf.Vorbereitung 60   1   2 1.333 0.475 0.565     0.787
3                  zeitl..Vorlauf 60   1   6 2.617 1.075 0.483     0.783
4          Einführungskommunikation 60   1   6 2.917 1.013 0.605     0.771
5             Schulungsmaßnahmen 60   1   5 2.867 0.947 0.538     0.778
6           Bedienerfreundlichkeit 60   1   6 2.633 0.956 0.375     0.793
7    Unterstützung.durch.Kollegen 60   1   5 1.783 0.885 0.368     0.793
8        Vereinfachung.von.Abläufen 60   1   5 2.883 0.885 0.477     0.784
9        Einbringen.eigener.Ideen 58   2   6 3.655 1.178 0.546     0.776
10             Kostenreduzierung 57   1   6 3.895 1.810 0.361     0.815
11                    Komplexität 58   1   6 2.793 0.932 0.649     0.768
12          Gesamtarbeitssituation 60   1   6 2.450 0.769 0.441     0.788
```

Abb. 10: Interne Konsistenz mit den optimierten Items aus der Itemanalyse

Aber da noch einige Items mit enthalten sind, die keine große Bedeutung für das Untersuchungsziel haben, werden zusätzlich die Items" gutes Gefühl auf Vorbereitung", „zeitlicher Vorlauf", „Einführungskommunikation", „Schulungsmaßnahmen" und „Einbringen eigener Ideen" entfernt. Diese Items haben keine besondere Bedeutung, weil die 3 Items „Bedienerfreundlichkeit", „Vereinfachung von Abläufen" und „Komplexität" der großen Überschrift „Anwendung" angehören und Anwendung eine nachhaltige Wichtigkeit in Bezug auf Arbeitszufriedenheit und auf die Fragestellung besitzt. Aus diesem Grund wurden letztendlich diese 3 Items mit dem Item „Gesamtarbeitszufriedenheit" für die Auswertung genutzt. Deren interne Konsistenz liegt bei 0,804 und hat somit eine hohe Zuverlässigkeit.

```
$scale.name
[1] ""

$alpha
[1] 0.804

$item.analyse
                          Item  N min max  mean    sd   rit alpha.del
1        Bedienerfreundlichkeit 60   1   6 2.633 0.956 0.606     0.761
2    Vereinfachung.von.Abläufen 60   1   5 2.883 0.885 0.601     0.762
3                  Komplexität 58   1   6 2.793 0.932 0.627     0.750
4        Gesamtarbeitssituation 60   1   6 2.450 0.769 0.649     0.744
```

Abb.11: bereinigte interne Konsistenz

4.2 Analyse der Fragestellung

Auf die Fragestellung über einen Zusammenhang zwischen Arbeitszufriedenheit und Anwendung komplexer Softwareprogramme wurde die Korrelation zwischen der Zufriedenheit der Arbeitssituation gesamt unter Berücksichtigung der Nutzung von Anwendungsprogrammen in Bezug auf

• Bedienerfreundlichkeit,

• Vereinfachung von Abläufen und

• Komplexität

untersucht. Dabei wurde nochmals untersucht inwieweit der Unterschied zwischen Männern und Frauen eine Rolle spielt.

4.2.1 Korrelation zwischen Zufriedenheit der Arbeitssituation gesamt unter Berücksichtigung der Nutzung von Anwendungsprogrammen und Bedienerfreundlichkeit

Dafür wurden bei beiden Variablen Bedienerfreundlichkeit und Arbeitszufriedenheit der Mittelwert und die Standardabweichung (SD) berechnet. Daraus ergibt sich der Pearsonsche Korrelationskoeffizient. Er kann Werte zwischen −1 und +1 annehmen. Bei einem Wert von +1 (bzw. −1) besteht ein vollständig positiver (bzw. negativer) linearer Zusammenhang zwischen den betrachteten Merkmalen.

Der Korrelationswert ergibt bei den Frauen 0,596 und bei den Männern 0,344 und sagt somit aus, dass ein Zusammenhang zwischen Bedienerfreundlichkeit und Arbeitszufriedenheit besteht.

	Bedienerfreundlichkeit		Arbeitszufriedenheit		Korrelation zwischen Bedienerfreundlichkeit und Arbeitszufriedenheit
Männer	2,8	0,974	2,5	0,935	0,596
Frauen	2,5	0,939	2,4	0,609	0,344
	M	SD	M	SD	

Abb. 12: Korrelationstabelle Bedienerfreundlichkeit und Arbeitszufriedenheit

Im Durchschnitt sind Männer unzufriedener als die Frauen in den Bereichen Bedienerfreundlichkeit und Arbeitszufriedenheit gesamt unter Berücksichtigung der Nutzung von Anwendungsprogrammen. Der Mittelwert der Männer tendiert gegen 3, welches aus der Umcodierung bedeutet, der Wert geht gegen „teilweise zufrieden". Bei den Frauen liegt die Tendenz zwischen „zufrieden" und „teilweise zufrieden" (M = 2,5). Der Unterschied zwischen Frauen und Männern liegt bei 0,3.

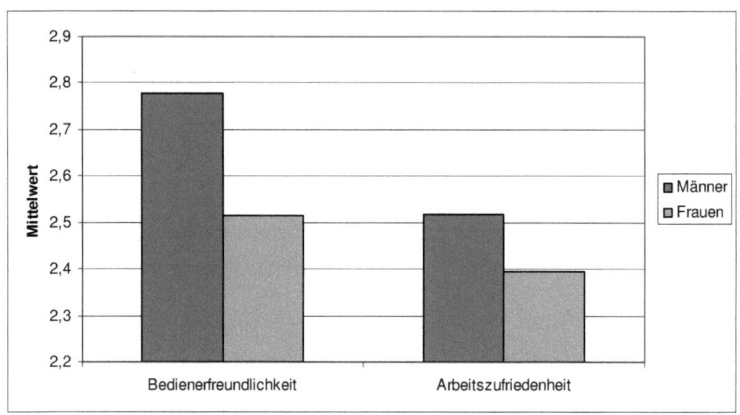

Abb. 13: Abhängigkeit von Männern und Frauen bzgl. Bedienerfreundlichkeit und Arbeitszufriedenheit

Betrachtet man den Zusammenhang aller Befragten zwischen Bedienerfreundlichkeit und Arbeitszufriedenheit gesamt unter Berücksichtigung der Nutzung von Anwendungsprogrammen, ergibt sich ein linearer Zusammenhang (r = 0,482). Mit steigender Bedienerfreundlichkeit steigt somit auch die Arbeitszufriedenheit.

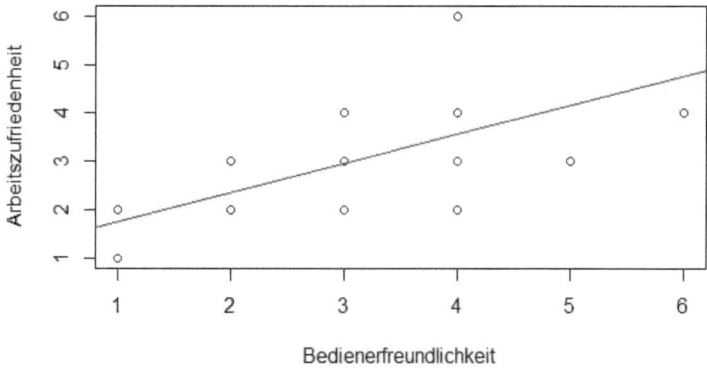

Abb. 14: Abhängigkeit aller MA bzgl. Bedienerfreundlichkeit und Arbeitszufriedenheit (1 = sehr zufrieden, 6 = sehr unzufrieden)

Die Kausalitätsprüfung wurde mit Hilfe der Regressionsanalyse durchgeführt. Ausgehend von der Nullhypothese, die besagt, dass keine Zusammenhänge existieren, überprüft dieses Verfahren wie wahrscheinlich es ist, dass in einer Welt wo keine Zusammenhänge existieren eben doch ein Zusammenhang existiert. Liegt die Wahrscheinlichkeit bei < 5%, liegt ein Zusammenhang vor.

Das Statistikprogramm R hat errechnet, dass p-value $= 9613e^{-05}$ und ist demnach < 0,05. Somit existiert der Zusammenhang.

```
Call:
lm(formula = scale(d$Bedienerfreundlichkeit) ~ scale(d$Gesamtarbeitssituation))

Residuals:
    Min      1Q  Median      3Q     Max
-1.4261 -0.3801 -0.3801  0.6658  2.5490

Coefficients:
                                 Estimate Std. Error t value Pr(>|t|)
(Intercept)                     -2.079e-16  1.141e-01    0.00        1
scale(d$Gesamtarbeitssituation)  4.821e-01  1.150e-01    4.19 9.61e-05 ***
---
Signif. codes:  0 '***' 0.001 '**' 0.01 '*' 0.05 '.' 0.1 ' ' 1

Residual standard error: 0.8836 on 58 degrees of freedom
Multiple R-squared: 0.2324,      Adjusted R-squared: 0.2192
F-statistic: 17.56 on 1 and 58 DF,  p-value: 9.613e-05
```
Abb. 15: p-value aus der Regressionsanalyse für Bedienerfreundlichkeit

4.2.2 Korrelation zwischen Zufriedenheit der Arbeitssituation gesamt unter Berücksichtigung der Nutzung von Anwendungsprogrammen und Vereinfachung von Abläufen

Bei der Auswertung der Korrelation zwischen Arbeitszufriedenheit und der Vereinfachung von Abläufen bei Männern und Frauen ergibt der Pearsonsche Korrelationskoeffizient bei den Frauen 0,517 und bei den Männern 0,367. Hier liegt ebenfalls ein Zusammenhang zwischen Vereinfachung von Arbeitsabläufen und Arbeitszufriedenheit vor.

	Vereinfachung v. Arbeitsabläufen		Arbeitszufriedenheit		Korrelation zwischen Bedienerfreundlichkeit und Arbeitszufriedenheit
Männer	2,9	0,923	2,5	0,935	0,517
Frauen	2,8	0,834	2,4	0,609	0,367
	M	SD	M	SD	

Abb. 16: Korrelationstabelle Vereinfachung von Arbeitsabläufen und Arbeitszufriedenheit

Im Durchschnitt sind auch hier die Männer unzufriedener als die Frauen, aber mit kleinerem Abstand als bei der Bedienerfreundlichkeit. Hier unterscheiden sich die Frauen von den Männern um 0,1. Der Mittelwert geht bei beiden Richtung „teilweise zufrieden" (3).

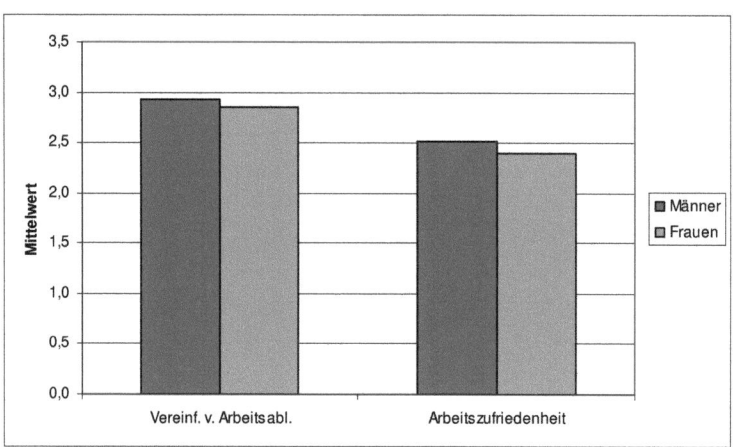

Abb. 17: Abhängigkeit von Männern und Frauen bzgl. Vereinfachung von Arbeitsabläufen und Arbeitszufriedenheit

Betrachtet man auch hier wieder den Zusammenhang zwischen Vereinfachung von Arbeitsabläufen und Arbeitszufriedenheit aller Befragten der Stichprobe, ist ebenfalls ein linearer Zusammenhang zu erkennen. Der Pearsonsche Korrelationskoeffizient ergibt r = 0,482. Somit steigt die Arbeitszufriedenheit mit steigender Vereinfachung von Arbeitsabläufen.

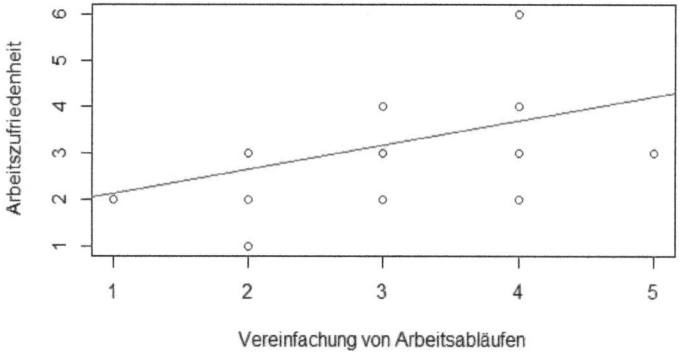

Abb. 18: Abhängigkeit aller MA bzgl. Vereinfachung von Arbeitsabläufen und Arbeitszufriedenheit (1 = sehr zufrieden, 6 = sehr unzufrieden)

16

Die Kausalitätsprüfung wurde ebenfalls mit Hilfe der Regressionsanalyse durchgeführt und ergab, dass p-value = 0,0002844 und demnach < 0,05 ist. Auch hier existiert der Zusammenhang.

```
Call:
lm(formula = scale(d$Vereinfachung.von.Abläufen) ~
scale(d$Gesamtarbeitssituation))

Residuals:
    Min      1Q  Median      3Q     Max
-1.8638 -0.7335 -0.1919  0.3968  2.0686

Coefficients:
                               Estimate Std. Error t value Pr(>|t|)
(Intercept)                   9.556e-17  1.161e-01   0.000 1.000000
scale(d$Gesamtarbeitssituation) 4.524e-01  1.171e-01   3.863 0.000284 ***
---
Signif. codes:  0 '***' 0.001 '**' 0.01 '*' 0.05 '.' 0.1 ' ' 1

Residual standard error: 0.8995 on 58 degrees of freedom
Multiple R-squared: 0.2047,    Adjusted R-squared: 0.191
F-statistic: 14.93 on 1 and 58 DF,  p-value: 0.0002844
```

Abb. 19: p-value aus der Regressionsanalyse für Vereinfachung von Arbeitsabläufen

4.2.2 Korrelation zwischen Zufriedenheit der Arbeitssituation gesamt unter Berücksichtigung der Nutzung von Anwendungsprogrammen und Komplexität der Anwendungsprogrammen

Bei der Auswertung der Korrelation zwischen Arbeitszufriedenheit und der Komplexität von Anwendungsprogrammen bei Männern und Frauen ergab der Pearsonsche Korrelationskoeffizient bei den Frauen 0,698 und bei den Männern 0,521. Hier liegt ein Zusammenhang zwischen Komplexität und Arbeitszufriedenheit vor.

	Komplexität v. Anwendungsprogrammen		Arbeitszufriedenheit		Korrelation zwischen Bedienerfreundlichkeit und Arbeitszufriedenheit
Männer	3,0	1,071	2,5	0,935	0,698
Frauen	2,6	0,751	2,4	0,609	0,521
	M	SD	M	SD	

Abb. 20: Korrelationstabelle Komplexität und Arbeitszufriedenheit

Im Durchschnitt sind wieder die Männer unzufriedener als die Frauen. Hier unterscheiden sich die Frauen von den Männern um 0,4. Der Mittelwert geht ebenfalls wieder bei Männern und Frauen Richtung „teilweise zufrieden" (3).

17

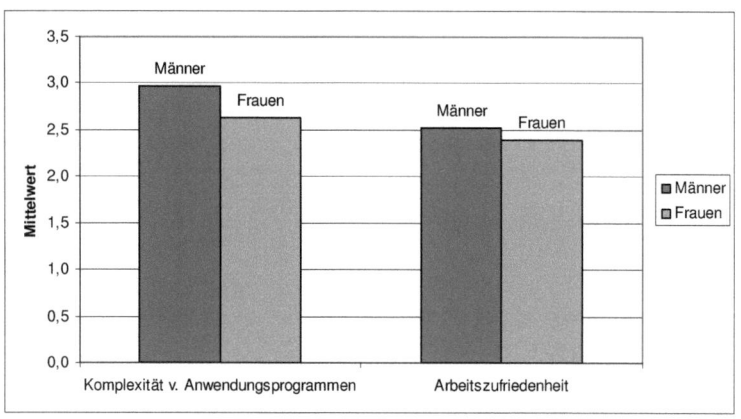

Abb. 21: Abhängigkeit von Männern und Frauen bzgl. Komplexität und Arbeitszufriedenheit

Die Betrachtung aller Befragten zeigt einen deutlichen linearen Zusammenhang (r = 0,640). Schlussfolgernd heißt das, dass mit steigender Komplexität der Anwendungsprogramme auch die Arbeitszufriedenheit abnimmt.

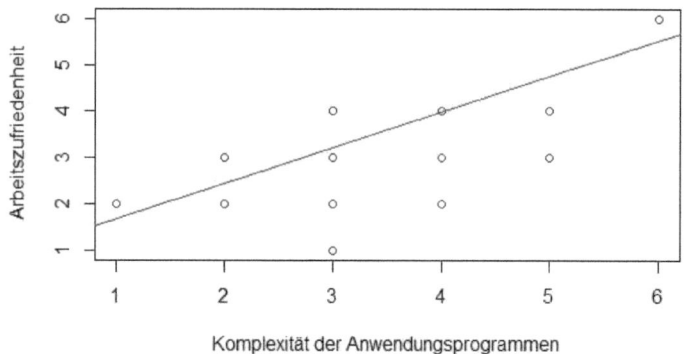

Abb. 22: Abhängigkeit aller MA bzgl. Komplexität und Arbeitszufriedenheit (1 = sehr zufrieden, 6 = sehr unzufrieden)

Die Kausalitätsprüfung wurde wieder mit Hilfe der Regressionsanalyse durchgeführt und ergab, dass p-value = 6.465e^{-08} und demnach auch < 0,5 ist. Auch dieser Zusammenhang existiert.

```
Call:
lm(formula = scale(d$Komplexität) ~ scale(d$Gesamtarbeitssituation))

Residuals:
    Min      1Q  Median      3Q     Max
-1.5544 -0.4815 -0.2327  0.5914  1.9131

Coefficients:
                                 Estimate Std. Error t value Pr(>|t|)
(Intercept)                      0.001421   0.101826   0.014    0.989
scale(d$Gesamtarbeitssituation)  0.633340   0.101699   6.228 6.47e-08 ***
---
Signif. codes:  0 '***' 0.001 '**' 0.01 '*' 0.05 '.' 0.1 ' ' 1

Residual standard error: 0.7755 on 56 degrees of freedom
  (2 observations deleted due to missingness)
Multiple R-squared: 0.4092,      Adjusted R-squared: 0.3986
F-statistic: 38.78 on 1 and 56 DF,  p-value: 6.465e-08
```

Abb. 23: p-value aus der Regressionsanalyse für Komplexität

An dieser Stelle soll noch mal auf die beiden letzten Items eingegangen werden. Hier geht es um die Frage, ob komplexe Anwendungsprogramme die Arbeitszufriedenheit beeinflussen. 45% sind nicht der Meinung, dass sie beeinflusst werden. 55% stimmen dafür. Davon sind 40% der Meinung, dass eine positive Beeinflussung erfolgt, 36% sagen, dass sie negativ beeinflusst werden. 9 % sagen aus, dass sie negativ wie auch positiv beeinflusst werden und 15 % haben keine Angaben gemacht.

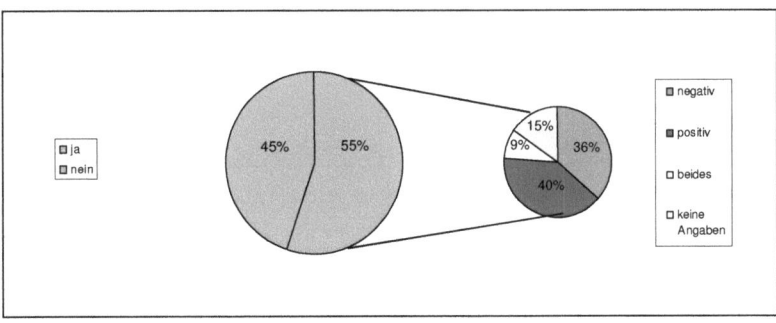

Abb. 24: Beeinflussung der Arbeitszufriedenheit durch komplexe Anwendungsprogramme

5. Diskussion

5.1 Zusammenfassung und Interpretation der Ergebnisse, Einschränkung der Studie sowie Weiterverwendungen der Ergebnisse in Unternehmen und künftige Fragestellungen

Zusammenfassend kann gesagt werden, dass wie vermutet ein Zusammenhang zwischen komplexen Anwendungsprogrammen und Arbeitszufriedenheit besteht und demnach signifikant ist. Die Hypothese kann somit belegt werden. Tendenziell sind die Männer unzufriedener als die Frauen. Es besteht aber nur ein kleiner, wenn nicht gar unbedeutender, Unterschied und ist demnach nicht signifikant. Aber über die Hälfte aller befragter Mitarbeiter sind der Meinung, dass Anwendungsprogramme einen Einfluss auf die Arbeitszufriedenheit haben, was die Signifikanz der Hypothese auch widerspiegelt.

Eingeschränkt in dieser Studie ist die Einbeziehung der Branche, da die Aufsplittung einen zu großen Aufwand dargestellt hätte und es sinnvoller ist, jedes Unternehmen einzeln zu betrachten. Auch hinsichtlich der Geschlechterverteilung um so eine branchenspezifische Aussage treffen zu können über Unterschiede bei Männer und Frauen.

Interessant wäre noch, inwieweit das Alter mit eine Rolle spielt. Auch hier ist die Studie eingeschränkt, da kein Vertreter aus der Gruppe 16 -20 vorhanden ist. Auch wenn die jüngeren Mitarbeiter vorab Kenntnisse aus der Schule bzw. der Ausbildungszeit erlangt haben, hat die Umfrage ergeben, dass trotzdem auch die Altersgruppe der 21 – 30 Jährigen durch die Berufspraxis immer wieder neu dazu lernt. Das spiegeln auch die Beobachtungen wider, dass die jungen Mitarbeiter mit komplexen Anwendungsprogrammen Schwierigkeiten haben. Es ist nicht gezwungenermaßen Voraussetzung Vorkenntnisse mit zu bringen um mit komplexen Anwendungsprogrammen umgehen zu können. Es ist jedoch vorteilhafter. Dieser Umstand kann zu einer neuen Hypothesenbildung genutzt werden um so evtl. Schulungsmaßnahmen spezifischer gestalten zu können.

Die Schwierigkeit dieser Arbeit lag bei der Zusammenstellung der Items und der Aufschlüsselung der theoretischen Konstrukte. Einige Fragen haben überhaupt keinen Wert gehabt. Dafür wäre es evtl. effektiver gewesen mehr mehrstufige Antwortvarianten zu erstellen um noch mehr Informationen aus dem Fragebogen zu erhalten.

Basierend auf den Ergebnissen könnten weitere Fragestellungen sein, ob und inwieweit komplexe Anwendungsprogramme überhaupt notwendig sind und inwieweit die eigentliche Effektivität noch gegeben ist. Also ob Arbeitsabläufe wirklich länger dauern als angenommen. Und ob sich das auf die Wirtschaftlichkeit auswirkt. Oder es evtl. sinnvoller ist, bestimmte Teilprozesse auszugliedern, um die Komplexität zu verringern und so die Belastung der Mitarbeiter zu reduzieren und damit die Arbeitszufriedenheit zu erhöhen.

Literaturverzeichnis

Bortz, J. et al. (2006). Forschungsmethoden und Evaluation. Für Human- und Sozialwissenschaftler, 4. Auflage. Heidelberg: S. Springer.

IBH RETAIL CONSULTANTS (Hrsg.) (2010): Teilerhebung. Online: http://www.handelswissen.de/data/handelslexikon/buchstabe_t/Teilerhebung.php

Kauffeld, S. (2011). Arbeits-, Organisations- und Personalpsychologie für Bachelor. Lesen, Hören, Lernen im Web, 1. Auflage. Heidelberg: Springer.

Meyer, C. et al., Universität Osnabrück (2002). Methode Fragebogen. Online: http://www.dermatologie.uni-osnabrueck.de/gesundprojekt/graids0506/Methode_Fragebogen.htm

Meyer, H. O. (2013). Interview und schriftliche Befragung. Grundlagen und Methoden empirischer Sozialforschung, 6. Auflage. München: Oldenbourg.

Sommer, M., Universität Hannover (2003): komplexe Standardsoftware. Online: http://www.iwi.uni-hannover.de/lv/seminar_ws03_04/www/Sommer/Homepage/oben.htm#2.2.1%20Standardso ftwarepakete

Statista (2013): Statistik Lexikon. Online: http://de.statista.com/statistik/lexikon/definition/137/variable/

Prof. Dr. Litz, H.-P., Universität Oldenburg (2010): Itemanalyse. Online: http://viles.uni-oldenburg.de/navtest/viles0/kapitel03_Datenmessung~~lund~~l-aufbereitung/modul03_Itemanalyse/ebene01_Konzepte~~lund~~lDefinitionen/03__03__01_ _01.php3

Anhang 1 Der Fragebogen

Liebe Teilnehmer,

im Rahmen eines Methodenseminars innerhalb des Studiums möchten wir gerne den Zusammenhang zwischen Arbeitszufriedenheit und immer komplexer werdender Technik untersuchen.

Aus diesem Grund bitte ich Sie/Dich uns dabei zu unterstützen und uns ein paar Fragen zu beantworten. Die Auswertung findet anonym statt und jeder Fragebogen kann widerrufen werden. Es gibt keine richtigen oder falschen Antworten. Bitte einfach spontan und am besten alle Fragen beantworten ☺.

Allgemeine persönliche Fragen

1. Geschlecht

☐ weiblich   ☐ männlich

2. Wie alt sind Sie?

☐ 16 -20   ☐ 21 -30   ☐ 31 - 40   ☐ 41 - 50   ☐ älter als 51

3. Waren Sie durch Schule bzw. Ausbildung auf die Anforderungen im Bereich EDV in Ihrem Beruf ausreichend vorbereitet?

☐ ja   ☐ nein

4. Sind Sie aus beruflichen Gründen gezwungen sich mit dem Computer auseinander zu setzen?

☐ ja   ☐ nein

Fragen zur Nutzung von Anwendungsprogrammen im Berufsalltag und der daraus resultierenden Arbeitszufriedenheit

5. In welcher Branche sind Sie tätig?

öffentlicher Dienst	Baugewerbe
Bank- u. Finanzwesen	Zeitarbeitsfirma
Gesundheits- und Sozialwesen	Verarbeitendes Gewerbe/Herstellung von Waren
Dienstleistung	Student/In

6. Wie häufig nutzen Sie vom Arbeitgeber gestellte Anwendungsprogramme?

bei keinem Vorgang
bei gelegentlichen Vorgängen
bei den meisten Vorgängen
bei allen Vorgängen

7. Wie gut beherrschen Sie die Anwendungsprogramme?

sehr schlecht	schlecht	durchschnittlich	gut	sehr gut

8. Fühlen Sie sich gut vorbereitet auf eine Programmumstellung?

☐ ja   ☐ nein

22

9. Haben Sie das Gefühl, dass neu eingeführte Programme immer komplexer geworden sind?

☐ ja   ☐ nein

10 Denken Sie, dass es notwendig ist, dass komplexer werdende Anwendungsprogramme eingeführt werden?

☐ ja   ☐ nein

11. Stehen Sie einer anstehenden Einführung eines neuen Anwendungsprogrammes ängstlich gegenüber?

☐ ja   ☐ nein

12. Wenn Sie an die Einführung neuer Anwendungsprogramme denken, wie zufrieden sind Sie mit...

	sehr zufrieden	zufrieden	teilweise zufrieden	unzufrieden	Sehr unzufrieden	interessiert mich nicht
...dem ausreichend zeitlichen Vorlauf?						
...der Einführungs- kommunikation?						
...den Schulungsmaßnahmen?						
...der Bedienerfreundlichkeit?						
...der Unterstützung durch die Kollegen?						
... der Vereinfachung von Abläufen??						
...dem Einbringen eigener Ideen zur Optimierung?						
...der Kostenreduzierung?						
...der Komplexität der Anwendungsprogramme?						
...Ihrer Arbeitssituation gesamt unter Berücksichtigung der Nutzung der Anwendungsprogramme?						

13. Beeinflussen Anwendungsprogramme und dessen Komplexität Ihre Arbeitszufriedenheit?

☐ ja   ☐ nein

Wenn ja,

☐ negativ   ☐ positiv

14. Platz für einen eigenen Kommentar

....

....

Vielen herzlichen Dank für die Teilnahme!